ANIMALES SUPERFUERTES

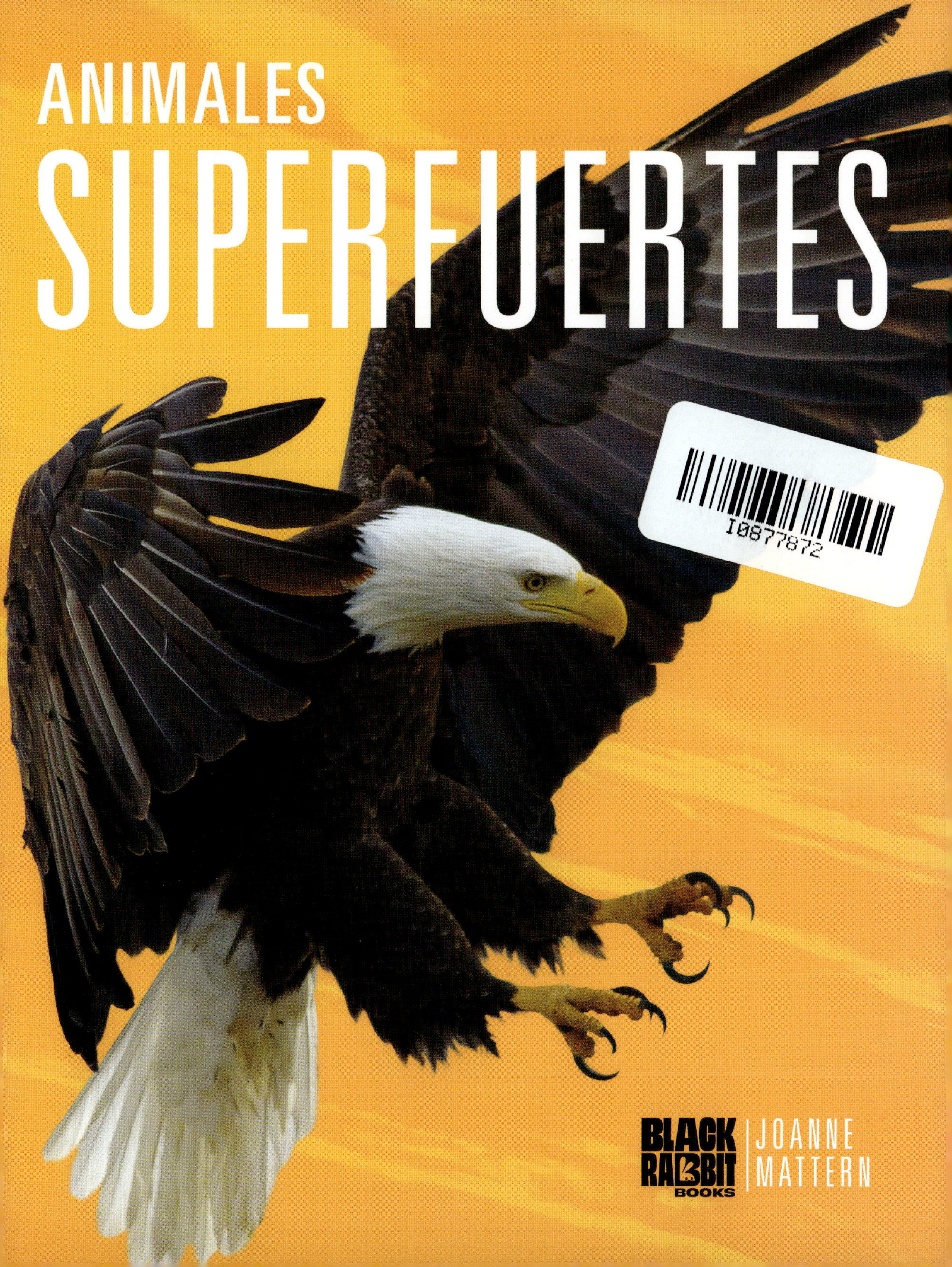

BLACK RABBIT BOOKS | JOANNE MATTERN

ÍNDICE

1

El águila calva

El águila calva es un gran cazador. Esta ave utiliza su gran fuerza para atrapar a su presa. El águila tiene grandes garras en sus patas. Estas garras son tan afiladas como hojas de afeitar.

Las águilas cazan animales mientras vuelan. Tienen buena vista. El ave ve algo para comer. Se lanza en picado. Agarra al animal con sus afiladas garras.

Un águila calva puede levantar más de cuatro veces su peso corporal. Come peces, patos, conejos, serpientes y tortugas.

¿Sabías que…?
El agarre de un águila es 10 veces más fuerte que el de una persona.

2

El oso pardo

Los osos pardos pueden llegar a medir 10 pies (3 metros) de alto. Pueden pesar hasta 1.700 libras (771 kilogramos). Un oso puede levantar 500 libras (227 kg) con una pata. Harían falta hasta cinco humanos promedio para sostener ese peso.

Estos osos comen muchas cosas. Comen carne, pescado, fruta y plantas. Un oso pardo puede incluso matar y comerse un ciervo grande.

Piensa en esto

En la actualidad, los osos pardos solo viven en una pequeña zona de América del Norte. ¿Por qué no viven en otros lugares?

3

El dragón de Komodo

No ganarías una pelea con un dragón de Komodo. Estos reptiles son superfuertes. También son supermortales.

Un dragón de Komodo ataca a los animales con sus afiladas garras y dientes. Luego los sacude con fuerza. Este lagarto come cerdos, cabras, ciervos y caballos. Es lo suficientemente fuerte como para matar a un búfalo de agua.

¡Este lagarto come cualquier cosa, incluso otros dragones de Komodo! Tienen miles de huesos diminutos debajo de la piel. Estos huesos son como una armadura. Los mantienen a salvo durante las peleas.

¿Sabías que…?

Este lagarto tiene una mordedura mortal. Su boca está llena de **veneno** y **bacterias**. Si la mordedura no mata, el animal morirá pronto de todos modos.

El gorila

4

Un gorila siempre ganará un concurso de levantamiento de pesas contra una persona. Un gorila puede levantar 4.000 libras (1.810 kg). Un hombre muy fuerte solo puede levantar alrededor de 885 libras (401 kg).

Los gorilas comen hojas y raíces. También comen caracoles e insectos. Un macho puede pesar hasta 500 libras (227 kg). Estos animales tienen músculos grandes. Pueden derribar árboles de plátano para obtener la fruta. También pueden romper fácilmente plantas de bambú con sus manos.

¿Sabías que...?
Los gorilas también son inteligentes. Utilizan herramientas y pueden aprender lenguaje de señas.

5

La hormiga cortadora de hojas

¿Puede un insecto pequeño ser superfuerte? ¡Sí! La hormiga cortadora de hojas hace cosas asombrosas.

Esta hormiga puede cargar de 10 a 50 veces su propio peso. Eso es como cargar miles de libras. Aquí hay algo aún más asombroso. Las hormigas no cargan hojas con sus patas. Las llevan en sus mandíbulas.

Las hormigas cortadoras de hojas llevan hojas de regreso a su nido. Usan las hojas para cultivar **hongos**. Ese es el único alimento de las hormigas.

Piensa en esto

¿Cómo crees que las hormigas cortadoras de hojas aprendieron a cultivar alimentos?

El escarabajo pelotero

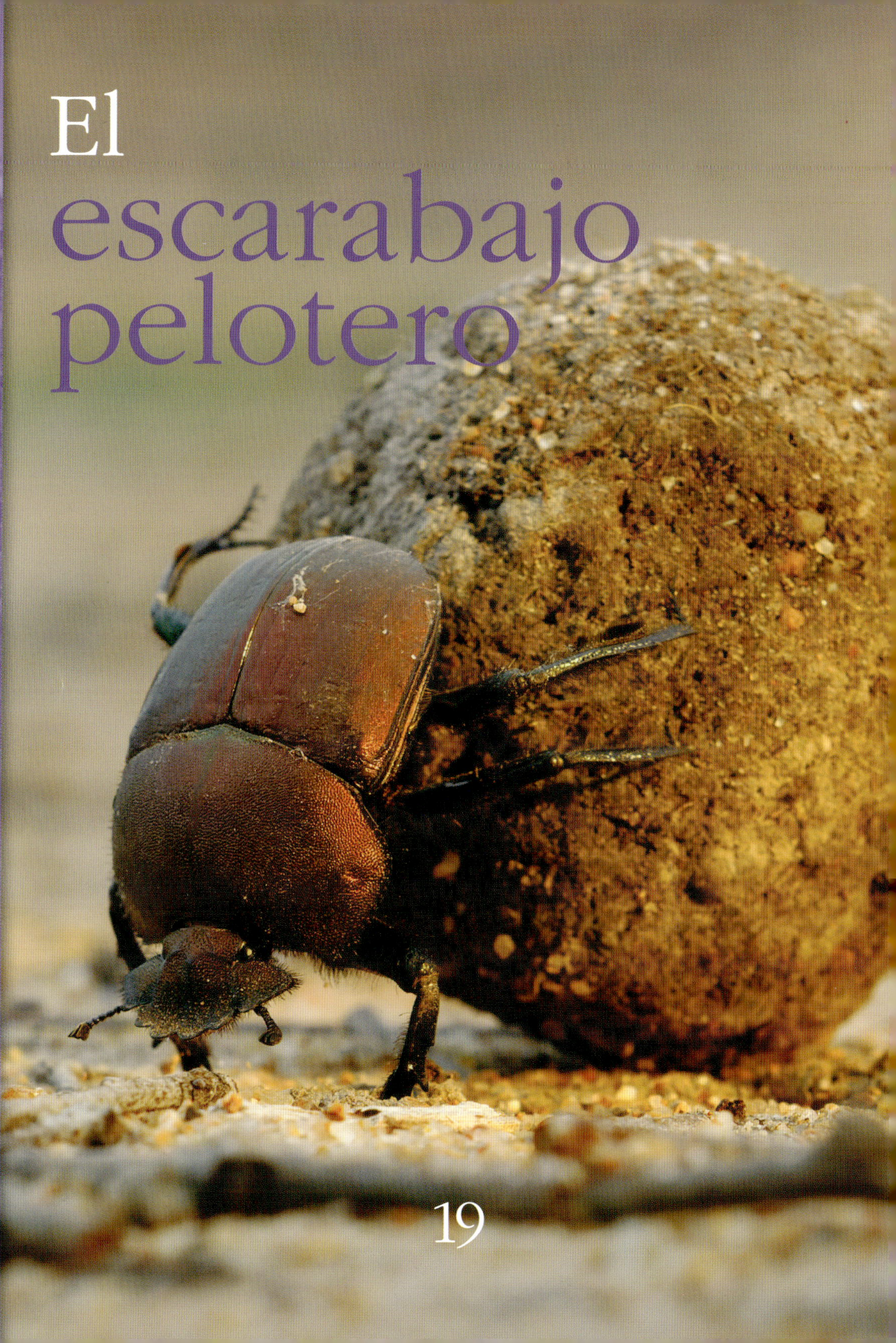

6

El oso pardo no es el animal más fuerte del mundo. El gorila tampoco. El animal más fuerte es un insecto pequeño. Algunos escarabajos peloteros pueden empujar más de 1.000 veces su peso corporal.

¿Qué empuja un escarabajo pelotero? ¡Caca! Estos insectos recibieron su nombre porque comen caca o estiércol.

Cuando un animal hace caca, deja pequeños trozos de comida detrás. El escarabajo pelotero come este alimento. Los escarabajos usan su superfuerza para hacer rodar bolas de caca hasta su nido.

¿Sabías que…?
Los escarabajos peloteros ponen sus huevos en bolas de caca para que sus crías tengan alimento.

MÁS PARA EXPLORAR

¿EN QUÉ PARTE DEL MUNDO?

ÁGUILAS CALVAS
América del Norte

OSOS PARDOS
Noroeste de América del Norte

DRAGONES DE KOMODO
Indonesia

GORILAS
África central

HORMIGAS CORTADORAS DE HOJAS
América del Norte y América del Sur

ESCARABAJOS PELOTEROS
Todos los continentes excepto la Antártida

MÁS PARA EXPLORAR

DATOS FANTÁSTICOS

Los nidos de águila calva pueden tener 8 pies (2,4 m) de ancho. Pueden tener hasta 12 pies (3,7 m) de alto.

Las garras delanteras de un oso pardo pueden medir hasta 4 pulgadas (10 cm) de largo.

Un dragón de Komodo puede matar con un golpe de su pesada cola.

Los gorilas viven en grandes grupos. El macho más viejo es el líder.

Los nidos de las hormigas cortadoras de hojas tienen miles de habitaciones y túneles.

Los escarabajos peloteros machos tienen cuernos. Se golpean entre sí con ellos cuando pelean.

MÁS PARA EXPLORAR

COMPARACIONES INTERESANTES

La mayoría de los animales de este libro son mucho más fuertes que los humanos. Vamos a compararlos.

Un oso pardo puede levantar 0,8 veces su peso corporal.

Un águila calva puede levantar aproximadamente 4 veces su peso corporal.

Algunos humanos pueden levantar 5 veces su peso.

Los gorilas pueden levantar 27 veces su peso corporal.

Las hormigas cortadoras de hojas pueden levantar 50 veces su peso corporal.

El escarabajo pelotero puede empujar 1141 veces su peso.

MÁS PARA EXPLORAR

RECURSOS

Glosario

bacteria Un pequeño ser vivo.

garra La zarpa afilada en la pata de algunas aves.

hongo Un ser vivo, similar a una planta, que no tiene flores, que vive de cosas muertas o en descomposición.

presa Animal al que cazan o matan para comerlo.

veneno Una sustancia tóxica producida por algunos animales utilizada para matar o herir.

Índice alfabético

TOP RANK es publicado por Black Rabbit Books, P.O. Box 227, Mankato, MN, 56002. •

• Top Rank un sello de Black Rabbit Books • Editado de Alissa Thielges • Diseño de Danny Nanos • Fotografías © Dreamstime/Elliot Hurwitt, 13, 23, Sekarb, cover, Thor Jorgen Udvang, cover; Getty Images/guenterguni, 14, 21, michaklootwijk, 16, 21, 23; Shutterstock/Eric Isselee, 2, FloridaStock, 4, 21, 23, Gallinago_media, 5, GUDKOV ANDREY, 10, 12, 21, Henk Bogaard, 19, 20, 21, 23, kkaplin, 11, Manick Photo, 23, matteolo, 9, 21, photomaster, 5, Scott E Read, 6–7, 8, 23, Stephen Meese, 17, Vinicius R. Souza, 18, Vitalii Hulai, 20, Yair Leibovich, 15 • Impreso en China

Library of Congress Cataloging-in-Publication Data: Names: Mattern, Joanne, 1963- author. | Title: Animales superfuertes / by Joanne Mattern. | Description: Mankato, MN: Black Rabbit Books, [2025] | Series: Animales superincreíbles | Includes index. | Ages 8–11 | Grades 2–3 | Identifiers: LCCN 2024023500 | ISBN 9781644667552 (library binding) | ISBN 9781644667637 (paperback) | ISBN 9781644667712 (ebook) | Subjects: LCSH: Animals—Miscellanea—Juvenile literature. | Physiology—Juvenile literature. | Muscle strength—Juvenile literature. | Classification: LCC QL49 .M435318 2025 | DDC 590—dc23/eng/20240613